我是传奇

罗杰·费德勒

流年 著　锄豆文化 编绘

北京时代华文书局

图书在版编目（CIP）数据

罗杰·费德勒 / 流年著；锄豆文化编绘 . — 北京：北京时代华文书局，2024.3
（我是传奇）
ISBN 978-7-5699-5397-8

Ⅰ . ①罗… Ⅱ . ①流… ②锄… Ⅲ . ①儿童故事—中国—当代 Ⅳ . ① I287.5

中国国家版本馆 CIP 数据核字（2024）第 052762 号

拼音书名｜WO SHI CHUANQI
　　　　　LUOJIE FEIDELE

出 版 人｜陈　涛
选题策划｜直笔体育　徐　琰
责任编辑｜马彰羚
责任校对｜初海龙
封面设计｜王淑聪
责任印制｜訾　敬

出版发行｜北京时代华文书局 http://www.bjsdsj.com.cn
　　　　　北京市东城区安定门外大街 138 号皇城国际大厦 A 座 8 层
　　　　　邮编：100011　电话：010 - 64263661　64261528

印　　刷｜三河市嘉科万达彩色印刷有限公司　0316-3156777
　　　　　（如发现印装质量问题，请与印刷厂联系调换）

开　　本｜710 mm×1000 mm　1/16　印　张｜2.5　字　数｜29 千字
版　　次｜2024 年 3 月第 1 版　　　　　　印　次｜2024 年 3 月第 1 次印刷
成品尺寸｜170 mm×230 mm
定　　价｜198.00 元（全十册）

版权所有，侵权必究

开篇

罗杰·费德勒,
网球历史上最亮眼的名字。

他拿下了 103 个男子单打冠军,
连续 237 周位列男子单打世界第一,
31 次打入大满贯决赛,
赢得 20 个大满贯冠军。

他被称为"网球盛世的开创者",
也是"世界上最受欢迎的网球运动员"。

费德勒

白球衣、白发带、白色网球鞋、绿色草地球场,
费德勒定格了一代人关于网球的记忆。

同时,他也凭借着对网球的执着与热爱、
顽强不屈的精神与绝地反击的勇气,
谱写下了一段让人敬仰的传奇。

"赛场小恶魔"天赋异禀
球童经历养成绅士习惯

与很多出身贫困、试图用体育运动改变生活的人不同,罗杰·费德勒在出生之前,就已经和网球结下了奇妙的缘分,而这个缘分,来源于他的父母。

1981年8月8日，罗杰·费德勒出生于瑞士巴塞尔的一个中产家庭，父亲罗伯特·费德勒是当地化工公司的实验员，母亲勒内特·费德勒早年是一名秘书。

年轻的时候，罗伯特就非常喜欢网球。后来他认识了勒内特，勒内特在他的引导下，也爱上了网球运动。网球就像一根丝带，把罗伯特和勒内特紧紧地连在了一起。后来，他们结了婚，生下了费德勒，开始带着费德勒**到网球场玩耍**。

费德勒在父母的**耳濡目染**下，很快就喜欢上了网球。网球对于费德勒来说，就像一个特殊的玩具。费德勒连续玩儿上几个小时，都不会感到厌烦。更神奇的是，他的手掌还那么小，却能紧紧地把球抓住。这件事让费德勒的父母自豪了很长时间。

宝贝，你太棒了！

可是，随着费德勒渐渐长大，父母却怎么也高兴不起来了。因为童年时期的费德勒个性刚烈、脾气火暴，就像一个随时都会爆炸的炸弹。没有人敢惹他，老师和教练们也拿他没办法。

父母再三讲道理，但费德勒一句也听不进去，活脱脱一个**"赛场小恶魔"**。他们不明白，网球本来是一项优雅的运动，费德勒从小就接触网球，怎么会变成一个让人头疼的孩子呢？

正当父母为费德勒的未来担忧时，一件事情改变了费德勒的个性。

由于网球打得非常出色，费德勒成了巴塞尔网球公开赛的**球童**，专门为参加比赛的球员服务。费德勒非常喜欢这项工作，因为这样能和自己喜欢的球员近距离地接触，还能得到他们的签名。每次得到球员的签名，费德勒都会激动得跳起来。

偶像！

这段亲身经历，让费德勒对职业网球运动员和网球这项运动本身也多了一份理解。慢慢地，他收起了暴躁的脾气，变得绅士起来。

而促使费德勒的性格发生改变的，还有一位十分重要的人物。他就是费德勒在老男孩网球俱乐部的教练**皮特·卡特**。

恩师意外去世让他崩溃
网坛王者永怀感恩的心

9岁时，费德勒在老男孩网球俱乐部接受卡特的训练。虽然那个时候费德勒桀骜不驯，不讨人喜欢，**但卡特却看到了费德勒在网球上的天赋，对他格外看重。**

卡特性格沉稳，阳光帅气，金色的直发下是一双迷人的蓝色眼睛。他待人亲切友善，做事严肃认真。他说话的时候语气非常温和，也从来不戴着有色眼镜看待费德勒。

卡特的出现就像一缕光,照进了费德勒的心里,让他看到了什么是**真正的绅士**。

在卡特潜移默化的影响下,费德勒的性格渐渐发生了变化,而他和卡特的关系也变得越来越密切。

14岁时,费德勒告别老男孩网球俱乐部,来到瑞士国家网球中心。

离开了父母、朋友,以及熟悉的卡特教练,费德勒独自一人住在寄宿家庭,感到孤单和无助。而且语言障碍导致他在学校和网球场都没办法和小伙伴们沟通,费德勒的心情跌到了谷底。

但费德勒并没有因此放弃,尽管困难重重,他还是咬着牙熬过了最开始也是最困难的几个月,一切慢慢走上了正轨。

转眼一年多过去了,有一天,教练组来了一位新成员,这个人不是别人,正是卡特。终于又能够并肩作战了,费德勒和卡特都激动万分。

卡特!

在卡特的帮助下，费德勒的技术飞速提升，他在1998年世界青少年排名中**位列第一**，并迅速成长为一名职业球员。

2000年，卡特不能继续担任费德勒的教练了，但他和费德勒之间一直保持着密切联系。每当遇到困难时，费德勒总是第一时间想到卡特，而卡特也总是能在关键时刻给费德勒带来力量和勇气。

加油！

不幸的是，2002年8月1日，**卡特在南非旅行时遭遇车祸去世了。** 当时费德勒正在多伦多比赛，他听到这个消息后，顿时觉得天旋地转，整个人都崩溃了。他强忍着内心的伤痛，戴上黑色臂章继续后面的比赛，但这个消息太沉重了，他根本无法集中精神，最后输掉了比赛。

那段时间，费德勒陷入深深的自责中。"我是罪人，他原本不想外出度假的，是我说服他出门放松放松的，没想到这一去……"

费德勒一遍一遍地重复着这句话，他始终无法接受卡特的离开。

直到卡特的葬礼结束后，费德勒才接受了这个现实。他回想起和卡特的点点滴滴，决定振作起来，用好成绩来回报卡特对自己的信任和栽培。

之后不到一年，费德勒就在温布尔登网球锦标赛上夺得职业生涯首个大满贯冠军。

多年以后接受采访时再次提到卡特，费德勒仍会忍不住落泪，他动情地说："卡特是我生命中非常重要的人，我希望他会为我感到自豪。"

费德勒以卡特为榜样，严格要求自己，曾经的叛逆少年变得越来越沉稳大气，卡特用他的人格魅力和技术能力塑造了费德勒的职业精神与网球风格。

费德勒也在用自己的方式表达着对卡特的感谢。自2005年以来，每年的澳大利亚网球公开赛，**他都邀请住在阿德莱德的卡特的父母**前往墨尔本观看自己的比赛，并支付他们所有的费用。

天赋少年**终成世界第一**
网坛迎来"费德勒时代"

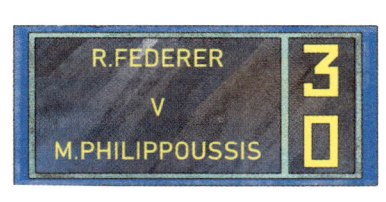

R.FEDERER V M.PHILIPPOUSSIS 3 0

自身出色的天赋、艰苦卓绝的努力,再加上教练的指导,让费德勒在职业生涯初始阶段就取得了世界瞩目的成绩。

2002年,还不满21岁的费德勒已经进入**世界排名的前十位**。随后到来的2003年,费德勒更是开启了崛起与突破之旅。

2003年的温布尔登网球锦标赛,费德勒在决赛中以3:0横扫马克·菲利普西斯,收获了**个人职业生涯中的首个大满贯冠军**。他也由此成为瑞士首位赢得温布尔登网球锦标赛冠军的男子单打球员。

整个2003年，费德勒取得了**7个冠军**，最终以世界排名第二的成绩完美收官。

2004年，费德勒更是如入无人之境，在年初的澳大利亚网球公开赛上，他连续击败多名高手登顶，并坐上了**世界第一**的宝座。整个赛季他拿到了3个大满贯的奖杯，80场比赛仅仅输了6场。

至此，网坛彻底进入"**费德勒时代**"。费德勒过去十几年间的沉淀换回了丰硕的果实。那个从少年时代就刻苦练习的球童，那个曾经跟随卡特教练不断夯实基本功的年轻人，终于在大浪淘沙之后迎来丰收的时节。

沉淀的过程是漫长的、枯燥的，甚至是痛苦的，但收获的时刻是甜蜜的、难以忘怀的、催人奋进的。

天王也有**挫折时刻**
几经沉浮不灭王者之心

然而，没有人的一生是一帆风顺的。任何人都会有**遭遇挫折**的时刻，即便是连胜不止、夺冠如麻、近乎无敌的网球天王费德勒也不例外。

由于长时间进行高强度的训练，费德勒的身体出现了**各种各样的伤病**。

2016年，费德勒做了膝盖半月板手术，但膝伤仍然时常困扰着他，背部的伤痛也一直难以消除。他被病痛日夜折磨着，无法连续参加比赛。即使他忍痛参加比赛，结果也不如意。

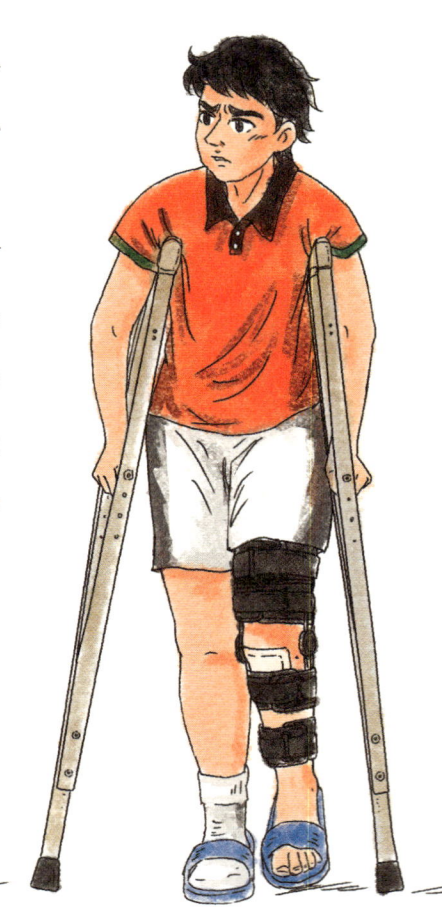

那个赛季,费德勒的世界排名降到了第 16 位。人们都说,费德勒的网球天赋消失了,昔日的网球天王变得平庸了。

但网球天王怎么会轻易被打败呢?
费德勒决定改变这个局面!

尽管费德勒一直坚持训练，努力让自己保持良好的身体素质，但年龄和伤病导致的身体状态下滑还是不可避免。于是，费德勒放弃了消耗体能的打法，他要利用自己的经验、技巧和智慧，在比赛中主动出击。

接下来的比赛中，

费德勒更加注重提高效率，

主动地对对手进行正手强攻，

用一次次的制胜分摧毁对手的自信。

2017年初,费德勒**35**岁。35岁对于普通人来说或许不算什么,而对于网球运动员来说,已经是高龄了。但费德勒没有被年龄困住,他从世界排名第16位艰难起步,打败了一个又一个年轻的竞争对手,用实力向全世界宣告:网球天王又回来了!

那个赛季,费德勒最终拿到了**2个大满贯冠军**,取得了54胜5负的傲人战绩,以世界排名第二的成绩完美收官。

费德勒巧妙地避开身体上的不利条件，从过去的起起伏伏中彻底走出来了。他找到了更适合自己状态的打法，越战越勇。

随后的两个赛季，费德勒打破身体和年龄的局限，不断刷新着自己的纪录，写下属于自己的史诗——

2018年澳大利亚网球公开赛，费德勒以一盘未失的成绩闯入决赛并成功卫冕，由此成为第一位赢得20个大满贯冠军的男子单打选手。

2018年鹿特丹网球公开赛，费德勒夺冠并重返世界第一的位置，以36岁零195天的年龄成为网坛历史上最年长的世界第一。

2019年迪拜网球锦标赛，费德勒赢得了职业生涯的第100个单打冠军。

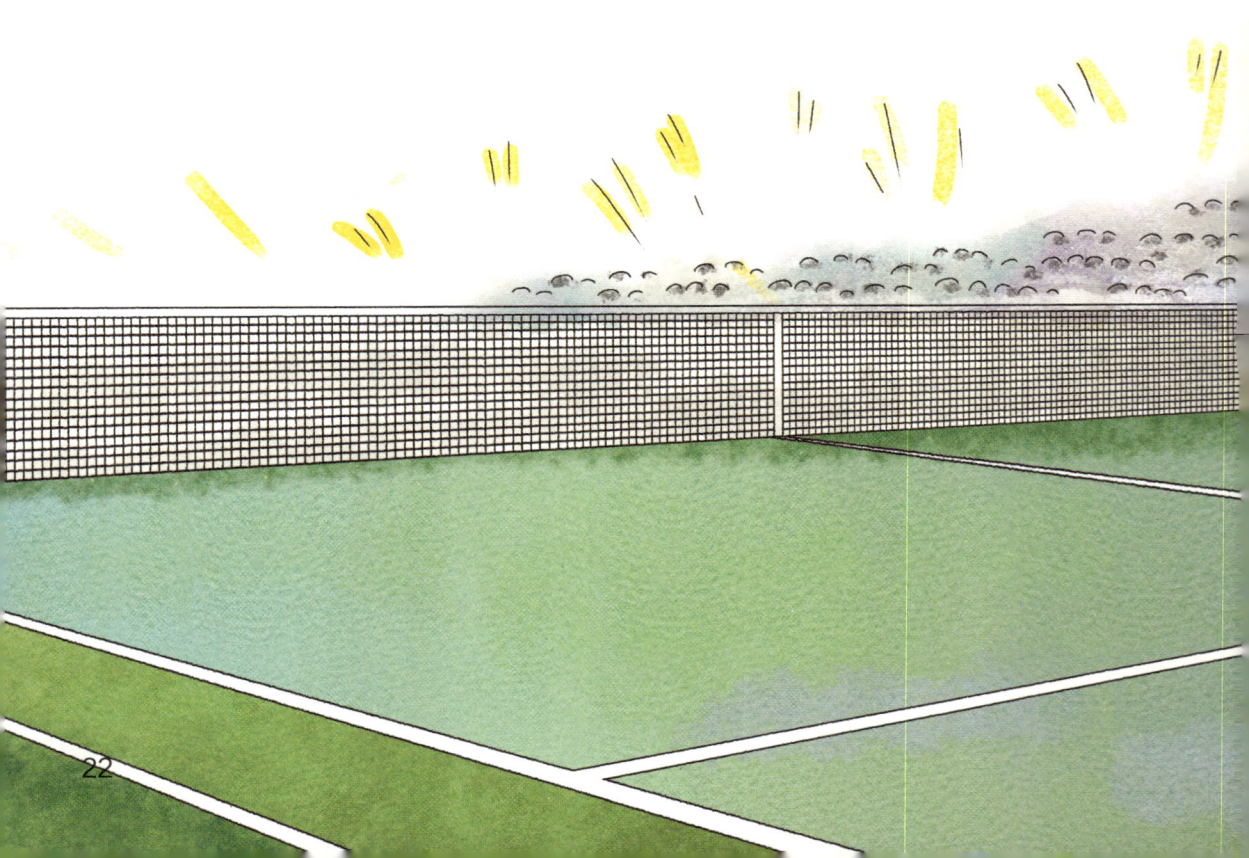

2019年温布尔登网球锦标赛男子单打决赛，即将38岁的费德勒与32岁的德约科维奇鏖战了 **4小时57分钟**。尽管最后失败了，但费德勒却用不屈不挠的精神，贡献出了一场足以被镌刻在网坛历史上的比赛，而这场比赛也成为温布尔登网球锦标赛历史上耗时最长的男子单打决赛。

之后，费德勒把年龄问题抛在脑后，更加精细地打磨自己的网球技术。

费德勒认真研究每一位竞争对手的特点，结合自己的身体条件，思考打败他们的方法。

费德勒用坚持不懈的努力和让人惊叹的智慧，突破身体的极限，把网球运动做到了极致。他的每一次挥拍、每一场胜利，都在创造新的历史。

四巨头写下竞争史诗
携手缔造网坛传奇时代

优秀的运动员背后，离不开**同样优秀的对手**。费德勒的职业生涯中，有三个旗鼓相当的竞争对手——纳达尔、德约科维奇和穆雷。

这四个人中，费德勒的年龄最大。2004年迈阿密大师赛，费德勒与纳达尔第一次在单打比赛中相遇。那个时候，费德勒已经是世界瞩目的网球冠军了，而纳达尔还是个未满18岁的少年。

25

那时，纳达尔的世界排名在30名之外，但当时世界第一的费德勒并没有小瞧他。比赛中，两个人使出浑身的本领，给观众献上了一场**精彩绝伦的网球盛宴**。

最终，纳达尔以2:0的成绩战胜了费德勒。

这个结果震惊了世界，但费德勒对于自己的失败却并不感到意外，一是因为比赛时他正在生病，二是因为他已经意识到纳达尔是一个实力强劲的对手。

费德勒曾经预言："未来几年，纳达尔将成为网坛最强的左手球员。"

不久以后,世界网坛就出现了费德勒和纳达尔"**双雄争霸**"的局面,两个人交手的每一个时刻都会引爆全场。

后来，德约科维奇和穆雷陆续加入。

2008年澳大利亚网球公开赛，德约科维奇拿下了职业生涯首个大满贯冠军。

2008年美国网球公开赛，他们四个人首次同时进入大满贯四强。决赛时刻，费德勒击败穆雷获得了冠军。

穆雷虽然首次晋级大满贯决赛就铩羽而归，但凭借美国网球公开赛亚军的成绩，他成功将世界排名提高至第4名。

费德勒

纳达尔

从此以后，费德勒、纳达尔、德约科维奇和穆雷，几乎一直占据着世界网坛男子单打排名的前四名，在大满贯以及各类重要比赛中也傲视群雄。无论男子网坛如何风云变幻，四人的统治地位始终难以撼动，所以人们把他们四个合称为**"网坛四巨头"**。

德约科维奇

穆雷

四巨头时代的高潮是在2012赛季,这一年四大满贯的冠军分别由这四人赢得。

2012年年初,**德约科维奇**成功地在澳大利亚网球公开赛卫冕;6月,**纳达尔**在法国网球公开赛完成了七冠伟业;7月,**费德勒**也在温布尔登网球锦标赛上第七次举起了金杯;9月,**穆雷**则在美国法拉盛公园拿到了职业生涯首个大满贯冠军,他还在8月的伦敦奥运会网球比赛中收获了一枚男子单打金牌。不仅如此,那年9站大师赛中8站的冠军都被四巨头包揽。

四巨头就像四座高耸的山峰，让人仰望，却难以超越。但与辉煌的成绩相比，更让人动容的是他们四人在漫长的竞争中不断成长、互相成就的经历。

网球运动看上去很优雅，实际上又激烈又残酷。要想成为优秀的网球运动员，必须让自己变得越来越强。

于是，四巨头把彼此当作想要超越的对象，不断地磨炼自己的技术。每一次交手，他们都能从对方的身上学到新的东西，找到新的灵感，从而促使自己**不断地学习进步，变得越来越强。**

在赛场上，四巨头是竞争对手，出了赛场，他们是**惺惺相惜**的朋友。

四巨头携手缔造了一个时代。
在这个时代中，他们竞争、学习、进步，
取得了辉煌的成绩，
能够见证这样的时代，**是每个网球爱好者的幸事。**

2022年9月23日，41岁的费德勒与自己的老对手纳达尔组成双打组合，完成了职业生涯的最后一场比赛。他结束了自己24年的职业生涯，也结束了网坛的一个时代。

回顾这24年的时光，恩师意外离世、伤病折磨、状态下滑，这些挫折就像暴风雨，一次次地袭击费德勒。但费德勒从未被打倒，他总能找到方法，化解所有的伤痛。

费德勒的经历告诉我们，真正的王者不是永远高高在上，而是遭遇挫折和失败之后，能够迅速认清现实，调整自己，然后**绝地反击**。

费德勒

FEIDELE

瑞士

职业网球运动员

- 网球天王
- 103 个男子单打冠军
- 20 个大满贯男子单打冠军
- 连续 237 周男子单打世界排名第一
- 2022 年宣布退役

荣誉记录

体育名人堂

- 8次温布尔登网球锦标赛男子单打冠军
- 6次澳大利亚网球公开赛男子单打冠军
- 5次美国网球公开赛男子单打冠军
- 1次法国网球公开赛男子单打冠军

- 6次ATP年终总决赛男子单打冠军
- 28次ATP大师赛男子单打冠军
- 5次ATP年度最佳球员
- 19次ATP最受球迷欢迎奖

（ATP：职业网球联合会）

- 1次奥运会男子双打冠军（2008年北京奥运会）
- 5次劳伦斯最佳男运动员奖
- 1次劳伦斯最佳复出奖

网球

著名赛事

网球最著名的赛事是四大满贯赛事：澳大利亚网球公开赛、法国网球公开赛、温布尔登网球锦标赛及美国网球公开赛。

按比赛场地的不同来划分：澳大利亚网球公开赛与美国网球公开赛为硬地赛，法国网球公开赛为红土赛，温布尔登网球锦标赛为草地赛。

四大满贯赛事介绍

澳大利亚网球公开赛（简称澳网）

创办于 1905 年，已经有 100 多年的历史，但它其实是最年轻的大满贯赛事。澳网通常于每年 1 月的最后两周在澳大利亚维多利亚州的墨尔本体育公园举行，是每年四大满贯中最先举行的一项赛事。2023 年，诺瓦克·德约科维奇第 10 次夺得澳网男子单打冠军。

法国网球公开赛（简称法网）

创办于 1891 年，在法国巴黎罗兰·加洛斯球场举办，是唯一一个在红土球场上进行的网球大满贯赛事，法网冠军代表红土赛事中的最高荣誉。法网通常在每年的 5 月至 6 月进行，是每年第二个进行的网球大满贯赛事。由于红土场地球速较慢，且男子单打比赛采用五盘三胜制，法网对选手的体能要求较高。截至 2023 年法网结束，拉菲尔·纳达尔共 14 次获得法网男子单打冠军。

温布尔登网球锦标赛（简称温网）

温布尔登网球锦标赛是一项历史最悠久、最具声望的赛事，由全英俱乐部和英国草地网球协会于 1877 年创办，在英国伦敦郊区的温布尔登举行。温网通常在每年的 6 月或 7 月举办，是四大满贯中唯一的草地赛事。温网有一个和其他三大满贯完全不同的特质，它没有用国家来命名，甚至连伦敦都没沾上边，温布尔登只是一个小城市，因此"传统的，才是世界的"这句话是对温网最经典的概括。值得一提的是，温布尔登的"草地之王"永远只属于一个人——拥有 8 个温网冠军的罗杰·费德勒。

美国网球公开赛（简称美网）

美国网球公开赛是每年第 4 项也是最后一项网球大满贯赛事，通常于每年的 8 月底至 9 月初在美国纽约举行。首届美网比赛于 1881 年在罗得岛新港举行，自 1978 年开始，赛事在纽约比利·简·金国家网球中心举行。美网的总奖金一直是四大满贯赛事中最高的，奖金总额高达 6000 多万美元。据《世界网球杂志》统计，1989 年美网涉及的金钱往来总额高达 1 亿美元。

国际组织

国际网球联合会（ITF）

知名赛事：四大满贯、戴维斯杯、奥运会网球比赛等。

职业网球联合会（ATP）

知名赛事：ATP 世界巡回赛及年终总决赛等。

女子网球协会（WTA）

知名赛事：WTA 世界巡回赛及年终总决赛等。

趣味网球知识

网球每局的计分方法十分特殊，从0~3分分别为"0""15""30""40"。

在一些大型网球赛事开始前，网球常常会被放入冰箱"冷藏"一段时间。这是因为网球是高气压球，若在炎热天气下进行比赛，室外的高温极有可能影响网球气压，降低网球弹性。